CHIRCHIR CHERUIYOT AMOS
BITOK JACOB
BII ALBERT

MODELAÇÃO MATEMÁTICA

CHIRCHIR CHERUIYOT AMOS
BITOK JACOB
BII ALBERT

MODELAÇÃO MATEMÁTICA

MODELAÇÃO DA CO-INFECÇÃO DA TUBERCULOSE E DA MALÁRIA NO CONTEXTO DOS TRATAMENTOS DE INTERFERÊNCIA E DA RESISTÊNCIA À VACINAÇÃO.

ScienciaScripts

Imprint

Cover image: www.ingimage.com

This book is a translation from the original published under ISBN 978-620-7-84322-0.

Publisher:
Sciencia Scripts
is a trademark of
Dodo Books Indian Ocean Ltd. and OmniScriptum S.R.L publishing group

120 High Road, East Finchley, London, N2 9ED, United Kingdom
Str. Armeneasca 28/1, office 1, Chisinau MD-2012, Republic of Moldova, Europe
Printed at: see last page
ISBN: 978-620-8-19963-0

ÍNDICE DE CONTEÚDOS

MODELIZAÇÃO MATEMÁTICA DA CO-INFECÇÃO DA TUBERCULOSE E DA MALÁRIA NO CONTEXTO DOS TRATAMENTOS DE INTERFERÊNCIA E DA VACINAÇÃO RESISTÊNCIA

Chirchir Cheruiyot Amos[1] , Prof. Jacob Bitok[2] , Dr. Albert Bii[3] , Dr. Titus Rotich[4]

[123] Departamento de Matemática e Informática, Universidade de Eldoret, Quénia

[4] Departamento de Matemática, Universidade de Moi, Quénia Correspondência por correio eletrónico: chirchiramo@gmail.com

RESUMO

A co-infeção da tuberculose (TB) e da malária coloca desafios significativos para a saúde pública, particularmente em regiões onde ambas as doenças são endémicas. Este estudo apresenta um modelo matemático para elucidar a dinâmica da co-infeção da TB e da malária, considerando a influência dos tratamentos de interferência e da resistência à vacinação. O modelo incorpora dinâmicas compartimentais para indivíduos susceptíveis, infectados com TB latente, infectados com TB ativa, expostos à malária, infectados com malária sintomática, co-infectados e recuperados. Além disso, integra mecanismos de interferência entre os tratamentos da TB e da malária, bem como compartimentos que representam os indivíduos vacinados e os resistentes à vacinação. As simulações numéricas são efectuadas utilizando o método Taguchi implementado no software MATLAB.

Esta abordagem permite a simulação de interações complexas entre as duas doenças, as estratégias de vacinação e a dinâmica de interferência do tratamento. É efectuada uma análise de sensibilidade para identificar os principais parâmetros que determinam a dinâmica da doença e os resultados da intervenção. Os resultados da simulação fornecem informações sobre a eficácia dos tratamentos de interferência e das estratégias de vacinação no controlo das taxas de co-infeção e do peso da doença. Além disso, o modelo permite explorar estratégias de intervenção óptimas para mitigar a propagação da co-infeção entre a TB e a malária, tendo em conta factores como a cobertura da vacinação, a disponibilidade de tratamento e os padrões de resistência. Globalmente, este estudo contribui para a compreensão da dinâmica da co-infeção TB-malária e informa os esforços de saúde pública para desenvolver medidas de controlo eficazes em regiões onde ambas as doenças coexistem.

O quadro de simulação numérica aqui apresentado constitui uma ferramenta valiosa para avaliar o impacto das intervenções e orientar as decisões políticas no sentido de melhorar os resultados de saúde em áreas endémicas.
Palavras chave: malária, tuberculose, co-infeção, resistência à vacina.

INTRODUÇÃO

A malária e a tuberculose continuam a ser as principais doenças infecciosas que causam morbilidade e mortalidade em todo o mundo. De acordo com o Centro de Controlo de Doenças (CDC) (2007), a malária foi descoberta pela primeira vez há séculos pelos chineses em 2700 AC. No entanto, foi no final do século XIX que Ross (1911) fez as suas descobertas revolucionárias que nos levaram a compreender os mecanismos subjacentes à infeção por malária. A malária é uma doença transmitida por mosquitos que mata cerca de 1-2 milhões de pessoas por ano, a maioria das quais são crianças Driessche et al (2002). Se não for tratada, a malária ataca o fígado e move-se através da corrente sanguínea, infectando todos os órgãos. Pode continuar até que o corpo se desligue, levando à morte. Em África, estima-se que 350 milhões de pessoas estejam infectadas com a doença, de acordo com Abdu-Raddad et al (2006). Embora a malária seja tratável, os medicamentos podem ser demasiado caros ou difíceis de distribuir ao público em geral nos países onde a doença é endémica. Por outro lado, cerca de um quarto da população mundial estará infetada com tuberculose e, em 2021, estima-se que 10,6 milhões de pessoas terão desenvolvido tuberculose, com cerca de 1,6 milhões de mortes, segundo a OMS (2022). No mesmo ano, estima-se que a malária tenha causado mais de 240 milhões de casos e 619.000 mortes. A pandemia de COVID-19 perturbou os serviços de saúde, invertendo anos de progresso no controlo da doença, segundo a OMS (2013) e os seguintes autores: Liu et al., (2022), Gao et al., (2013), e Pai et al., (2022). Além disso, o aumento da resistência aos medicamentos complica a gestão clínica e os esforços de saúde pública para ambas as infecções, de acordo com Haldar et al., (2018) e Tiberi et al., (2022). Tanto a malária como a tuberculose são endémicas em grandes áreas do mundo, e pode presumir-se que as co-infecções ocorrem frequentemente em regiões de elevada transmissão.

INFORMAÇÃO DE BASE

A malária tem um ciclo de vida complexo. Os protozoários parasitas plasmodium são transmitidos aos seres humanos através da picada de fêmeas infectadas de mosquitos anopheles. Os esporozoítos injectados deslocam-se para o fígado, invadem os hepatócitos, amadurecem e multiplicam-se. Uma vez que os hepatócitos infectados se abrem, os merossomas contendo merozoítos são libertados na corrente sanguínea, aumentando exponencialmente a parasitemia devido à invasão e multiplicação repetidas nos eritrócitos. Os sintomas podem surgir logo que os parasitas se encontram no sangue, como refere White (1996). Se não for tratada pronta e adequadamente, a infeção por falciparum pode resultar em anemia grave, malária cerebral, síndrome de dificuldade respiratória aguda, falência de órgãos ou morte em indivíduos não imunes, de acordo com White (1996). Alguns parasitas da fase sanguínea desenvolvem-se em gametócitos, que causam a infeção do mosquito quando este toma uma refeição de sangue do hospedeiro humano. Subsequentemente, os esporozoítos desenvolvem-se nas glândulas salivares do mosquito infetado, completando o ciclo de vida do parasita plasmodium, de acordo com Baker, (2010).

Os bacilos Mycobacterium tuberculosis são transmitidos através de aerossóis de um indivíduo infetado para outra pessoa. Na maioria dos indivíduos imunocompetentes, as micobactérias são fagocitadas por macrófagos e contidas após a inalação, resultando numa infeção latente, de acordo com Drain et al., (2018). A infeção primária aguda ocorre numa pequena proporção, mais frequentemente em crianças pequenas e em hospedeiros imunocomprometidos. A disseminação hematogénica ou linfática pode resultar em doenças graves, como a TB miliar ou a meningite, de acordo com Shingadia et al., (2003) e Marais et al., (2006). Cerca de 5-10% dos indivíduos com TB latente desenvolverão TB ativa mais tarde na vida, segundo Salgame et al., (2015). A TB e a malária são infecções antigas, com co-infecções demonstradas utilizando técnicas moleculares em restos mortais mumificados do Baixo Egito que remontam a cerca de 800 a.C., de acordo com Lalremruate et al., (2013). Alguns investigadores sugeriram que este facto pode ter resultado numa co-evolução mutuamente benéfica, de acordo com Bates et al., (2015) e Enwere et al., (1999), mas esta hipótese é difícil de comprovar.

É difícil determinar a prevalência de co-infecções, com uma variação considerável nas taxas comunicadas. Num estudo transversal realizado no início da década de 2000 em Mwanza, na Tanzânia, os doentes recém-diagnosticados com TB foram submetidos a um rastreio de co-infecções. Dos 655 doentes com TB, 4,1% tinham parasitas da malária no sangue. Num estudo transversal semelhante em Kampala, no Uganda, oito de 363 doentes com TB (2,2%) tinham parasitemia falciparum, segundo Baluku et al., (2019). Em Limbe, Camarões, de 400 participantes, 1,5% tinham malária e co-infeção por TB, enquanto a mono-infeção por TB ocorreu em 11,8% e a malária em 23,3%, de acordo com Irene et al., (2016). A co-infeção foi muito mais comum num estudo retrospetivo de Luanda, Angola, que mostrou que 37% de todos os doentes com TB tinham parasitemia de malária, de acordo com Valadas et al., (2013). Um estudo ecológico utilizando dados de vigilância epidemiológica da Amazónia brasileira demonstrou uma associação espacial entre infecções por malária e TB, independentemente de factores socioeconómicos, de acordo com Teixeira et al., (2019). A grande variação nas taxas de co-infeção relatadas pode ser explicada por diferenças epidemiológicas reais e variações nos padrões de transmissão da malária, mas também é influenciada pelas técnicas de diagnóstico disponíveis, e as definições de casos são difíceis de interpretar devido à falta de grupos de controle apropriados nesses estudos. É por isso que propomos a modelação matemática da co-infeção da TB e da malária no contexto dos tratamentos de interferência e da resistência à vacinação.

REVISÃO DA LITERATURA

A tuberculose (TB) e a malária são duas das principais doenças infecciosas a nível mundial, especialmente nos países em desenvolvimento onde os sistemas de saúde estão sobrecarregados. Estima-se que um quarto da população mundial esteja infetado de forma latente com Mycobacterium tuberculosis, o agente causador da TB OMS (2022). A malária continua a ser endémica em mais de 90 países, com cerca de 229 milhões de casos e 409 000 mortes registadas em 2019 (OMS, 2021). A co-infeção com a TB e a malária coloca desafios significativos, uma vez que as doenças interagem de formas complexas que afectam a dinâmica de transmissão, a gravidade da doença, os resultados do tratamento e a procura de recursos nos sistemas de saúde.

A modelação matemática constitui uma ferramenta poderosa para estudar a transmissão e as interações entre doenças infecciosas. Os modelos podem ser desenvolvidos para caraterizar sistematicamente os padrões epidemiológicos, investigar hipóteses mecanicistas, avaliar a eficácia das medidas de controlo e gerar conhecimentos para informar as políticas e práticas de saúde pública Silva et al., (2022). Ao longo das últimas duas décadas, numerosos estudos de modelação matemática forneceram informações úteis sobre a dinâmica e os desafios da co-infeção TB-malária. Esta extensa revisão da literatura visa sintetizar as principais conclusões deste conjunto de trabalhos de modelização, centrando-se em quatro temas principais - interações entre doenças, dinâmica de transmissão, intervenções de tratamento e estratégias de vacinação. A revisão destaca as lacunas de conhecimento que justificam uma maior exploração utilizando abordagens avançadas de modelação.

Interações de doenças

Vários estudos centraram-se na elucidação de potenciais mecanismos de interação entre a TB e a malária a nível biológico e clínico. Al-Awadhi et al., (2021) construíram um modelo de equação diferencial ordinária (EDO) para simular a co-infeção, incorporando vários efeitos de modulação imunitária. O modelo mostrou que a imunossupressão induzida pela infeção por malária leva a um aumento dos riscos de progressão da latência da TB para a doença ativa, enfraquecendo a imunidade do hospedeiro contra a micobactéria. Os resultados foram consistentes com as provas observacionais que mostram cargas bacterianas elevadas entre os doentes com TB co-infectados com Plasmodium falciparum em comparação com os indivíduos mono-infectados com TB. Roger, (2021).

Para além do comprometimento imunitário direto, a co-infeção pode também influenciar os resultados da doença através de vias indirectas. Bost et al. (2020) realizaram uma meta-análise de treze estudos epidemiológicos que incluíam 7.826 participantes e descobriram que a probabilidade de infeção por malária era 69% mais elevada entre os casos de TB pulmonar ativa do que entre os controlos saudáveis. Uma possível explicação proposta com base em dados clínicos é que a lesão do tecido pulmonar causada pela TB ativa cria oportunidades para que a malária falciparum se estabeleça eficazmente através da via pulmonar de infeção Mueller, (2012) e Mubita et al., (2019). Por outro lado, a infeção por malária pode facilitar a reativação da TB exacerbando a patologia pulmonar e prejudicando as defesas imunitárias locais nos pulmões durante períodos de bacteriemia transitória Nana-Djeunga et al., (2017) e Tchatchueng et al., (2017).

As interações medicamentosas entre as terapias anti-malária e anti-tuberculose representam outra área importante de interferência na doença. Tomé e De Oliveira, (2011) e Tomé et al., (2018) desenvolveram um modelo SIR determinístico que explora estratégias de administração de medicamentos combinados versus sequenciais. As previsões do modelo concordaram com as observações clínicas de que a coadministração de tratamento anti-malárico e anti-TB causa toxicidades aditivas, o que pode diminuir a adesão e promover a resistência aos medicamentos. Em particular, a escalada da dose de antimaláricos como os derivados da artemisinina durante o tratamento da TB acarreta riscos de neurotoxicidade amplificada e supressão hematopoiética, conforme simulado por Mueller, (2012) e Mubita et al., (2019). Ainda são necessários estudos farmacocinéticos e farmacodinâmicos cuidadosamente concebidos para otimizar os regimes combinados com segurança.

Dinâmica da transmissão

Os modelos matemáticos podem fornecer informações importantes sobre os padrões de co-transmissão, incorporando mecanismos de interação em quadros de propagação de doenças a nível populacional. (2010) desenvolveram um modelo determinístico de população única para explorar a estabilidade e a viabilidade da co-endemicidade utilizando dados empíricos do Zimbabué. As simulações do modelo previram que a coexistência estável a longo prazo da TB e da malária é possível independentemente de qualquer uma das infecções isoladamente, dadas as interações suficientes a nível epidemiológico. Os modelos subsequentes incorporaram factores biológicos e sociais mais complexos que moldam a co-transmissão. Muller et al., (2017) construíram um modelo de metapopulação multi-espécie que divide a comunidade hospedeira em manchas espaciais discretas, permitindo uma mistura heterogénea. Os resultados demonstraram que a agregação de contactos influencia fortemente a dinâmica da co-epidemia, com a agregação a permitir co- surtos localizados mesmo com uma baixa taxa de infeção. Mais recentemente, Tchatchueng et al. (2022) analisaram a propagação espácio-temporal utilizando modelos semelhantes de metapopulação suscetível-infetada-recuperada e observaram efeitos de localização substanciais dos padrões de mistura demográfica.

A imunidade do hospedeiro é outro importante fator de transmissão estudado através de modelos matemáticos. A transmissão transitória de M. tuberculosis potenciada pela malária durante os episódios de reativação pulmonar foi captada quantitativamente num modelo parametrizado a partir da República

Democrática do Congo (RDC) Mubita et al., (2019). Separadamente, as análises de associações espaciais forneceram apoio empírico para a correlação entre as endemias de TB e malária, independentemente de factores socioeconómicos de confusão Cordier et al., (2015) e Batista et al., (2018). Em resumo, os modelos de transmissão destacam os mecanismos de interação e a estrutura populacional como determinantes cruciais da prevalência sustentada da co-infeção.

Intervenções de tratamento

Os modelos matemáticos são úteis para conceber racionalmente programas de tratamento integrado contra a co-infeção TB-malária. Xiao et al., (2016) desenvolveram um modelo determinístico discreto para comparar quatro estratégias de terapia sequencial - anti-malária seguida de medicamentos anti-TB, vice-versa, tratamento combinado intermitente e um regime totalmente combinado. As simulações prevêem que a administração simultânea de ambas as classes de medicamentos minimiza o total de infecções ao longo do tempo. (2018), utilizando modelos SIR em tempo contínuo, com a terapia combinada a encurtar as epidemias globais em comparação com as estratégias sequenciais.

No entanto, as interações medicamentosas ainda apresentam desafios, conforme destacado em vários modelos de co-infeção. Mubita et al. (2019) incorporaram termos de interação que abrandam as taxas de depuração durante a terapia combinada no seu modelo ODE parametrizado para a RDC. Os resultados alertaram para o facto de que o aumento excessivo da dose de antimaláricos durante o tratamento anti-TB aumentou as toxicidades aditivas para além dos limiares farmacológicos seguros. Além disso, foi demonstrado que a prevalência de ambas as doenças aumentava drasticamente se a adesão a regimes combinados prolongados diminuísse mesmo que ligeiramente devido a efeitos adversos. Justifica-se a realização de mais trabalhos experimentais e de modelização para obter protocolos de co-tratamento otimamente equilibrados.

É igualmente importante ter em conta os cenários dinâmicos do tratamento, como a resistência emergente aos medicamentos. Tran et al. (2019) desenvolveram um modelo espacial inovador de co-transmissão TB-malária no Vietname, tendo em conta as interações epidemiológicas, bem como a evolução da resistência aos medicamentos anti-TB e anti-malária. Os resultados mostraram como as caraterísticas de resistência se propagam pela população ao longo do tempo e dependem fortemente dos rácios actuais de estirpes sensíveis aos medicamentos e resistentes, reafirmando a necessidade de políticas de tratamento racionais para abrandar a resistência aos medicamentos. Globalmente, os modelos constituem plataformas valiosas para avaliar novas estratégias terapêuticas contra a co-infeção num contexto de resistência em mutação.

Estratégias de vacinação

A modelação matemática é útil para orientar os programas de vacinação contra a co-endemicidade TB-malária. Chaccour et al., (2012) parametrizaram um modelo de simulação multi-estirpes para estimar o impacto a nível populacional de diferentes eficácias, durabilidade e especificidades das estirpes da vacina contra a malária. Os resultados destacaram a forma como os efeitos da redução da transmissão são significativamente amplificados em contextos co-endémicos em comparação com contextos de infeção única. (2013) avaliaram intervenções profilácticas e de vacinação integradas utilizando um modelo individual de mistura heterogénea de uma comunidade sul-africana. Os resultados identificaram subgrupos de alto risco em que a provisão de IPT-SP ou a imunização contra a TB conferiam proteção máxima contra a morbilidade e a mortalidade.

Trabalhos mais recentes incorporaram a biologia e a imunidade dos agentes patogénicos nos modelos de vacinação. Um modelo espacial de Tran et al., (2018) explorou os resultados da transmissão da implantação de novas vacinas combinadas que induzem proteção simultânea contra a TB e a malária. Tendo em conta as heterogeneidades na imunidade do hospedeiro e nos padrões de contacto, o modelo previu que as vacinas combinadas reduziriam a co-infeção de forma mais eficaz do que as vacinas sequenciais contra uma única doença, especialmente se forem dirigidas a comunidades com elevada carga. Em geral, os modelos dinâmicos fornecem atualmente

estruturas para conceber e avaliar racionalmente novas vacinas contra a co-infeção e programas de imunização adaptados a ambientes epidemiológicos específicos.

FORMULAÇÃO DO MODELO

Foi formulado um modelo para a co-dinâmica da malária e da tuberculose, subdividindo a população em oito estados compartimentais. Nomeadamente, as subdivisões são: indivíduos susceptíveis (S), indivíduo vacinado □,

Pessoas infectadas com TB numa fase latente (L_T), indivíduos na fase ativa

estado de tuberculose (I), expostos à malária (E_M), pessoas sintomaticamente doentes com malária (I), indivíduos co-infectados com malária e tuberculose (I $)_{TM}$

e pessoas recuperadas de ambas as doenças (R). A classe de indivíduos susceptíveis é constituída por membros de uma população que estão em risco de serem infectados por uma doença, enquanto os indivíduos recuperados são aqueles que foram infectados com a doença e depois recuperaram da infeção. Com esta subdivisão, a população total $N(t)$ é regida por

$$N(t) = S(t) + V(t) + L (t) + I (t) + E (t) + I (t) + I (t) + I \ (t) + R(t)$$
$$TTMMTM$$

PARÂMETROS DO MODELO

Assumimos que os indivíduos susceptíveis são aumentados por uma taxa de recrutamento A e que toda a população em cada compartimento está a morrer de morte natural do μ. Além disso, os indivíduos susceptíveis contraem infecções de TB

através do contacto com doentes com TB ativa por uma força de infeção λ_T,

dada como

$\lambda_T(t) = \beta_1 (I_T(t) + I_{TM}(t))$

....1

Em que β é a taxa de contacto efetivo da bactéria da tuberculose.

Além disso, os indivíduos susceptíveis também adquirem a infeção pelo paludismo, após serem picados por uma fêmea de mosquito infetado com uma força de infeção λ, expressa como

$\lambda M(t) = \beta 2(EM(t) + IM(t) + ITM(t))$ 2

em que $\beta 2$ é a taxa de contacto efectiva da transmissão da malária.

Além disso, assumimos que os indivíduos saíram da classe latente de TB (LT) crescendo para uma classe de TB ativa com uma taxa α ou recuperaram à taxa de recuperação de infecções latentes de TB de □. Os indivíduos infectados latentemente com TB cujo sistema imunitário é elevado podem recuperar sem que as bactérias cresçam para infecções de TB ativa. Enquanto a classe de TB ativa IT se recupera com uma taxa □, transferida para a co-infeção de TB e malária com uma força de infeção $\theta\lambda M$, ou morre devido à TB induzida

taxa de morte de $\mu + \delta T$.

Além disso, os indivíduos co-infectados com TB-malária saíram e passaram para o compartimento ITM a uma taxa $\theta\lambda M$, de modo que as pessoas na classe co-infetada podem transferir-se para a infeção apenas com TB por uma taxa de recuperação da malária de $n\tau$ ou mudar para a infeção apenas com malária a uma taxa de recuperação da TB de $c\tau$.

A população dentro do compartimento ITM pode morrer devido a uma taxa de mortalidade induzida pela co-infeção $\mu + \delta TM$ ou recuperar de ambas as doenças a uma taxa (1 -$(c + \eta)\tau$). Os indivíduos com malária numa classe exposta (EM) mudam de classe, infectando-se a uma taxa φ ou recuperando a uma taxa π. No nosso modelo,

os indivíduos expostos à malária são infecciosos e podem recuperar sem que apresentem qualquer um dos sintomas. Por fim, a população da zona de paludismo

classe infetada (IM) recupera a uma taxa ψ, transfere-se para a classe co-classe de infeção a uma taxa de infeção $\upsilon\lambda T$, ou morre de morte induzida por malária a uma taxa $\mu + \delta M$.

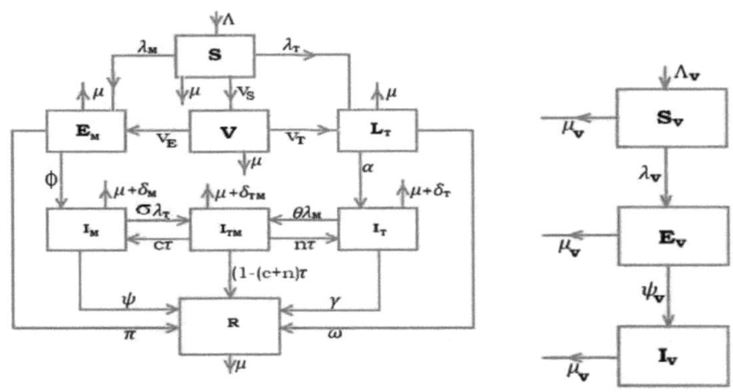

Tabela 1. Descrição dos parâmetros do modelo e respectivos valores.

SÍMBOLOS	PARÂMETRO
Λ	Taxa de recrutamento para o população suscetível.
μ	Taxa de mortalidade natural.
λ_T	Força da infeção por TB.
λ_M	Força da infeção por malária.
β_1	Taxa de contacto efectiva da tuberculose.

β_2	Taxa de contacto efectiva da malária.
α	Taxa de progressão do estado latente TB para TB ativa.
ω	Taxa de recuperação da tuberculose latente.
γ	Taxa de recuperação da tuberculose ativa.
δ_T	Taxa de mortalidade induzida pela tuberculose.
δ_M	Taxa de mortalidade induzida pela malária.
δTM	Taxa de mortalidade induzida por co-infeção.
θ	Termo de interação para co-infeção.
τ	Taxa de transição geral para recuperação ou transição.
ϕ	Taxa de progressão de expostos a malária sintomática.
π	Taxa de recuperação de expostos malária.
α	Taxa de progressão do estado latente TB para TB ativa.
η	Taxa que representa a eficácia declínio devido à resistência.
ν_S e ν_E	Taxas relacionadas com a vacinação e compartimentos de resistência

EQUAÇÕES DO MODELO

O diagrama esquemático do modelo proposto é ilustrado na figura acima. Assim, o modelo matemático que rege o sistema pode ser enquadrado como um sistema de equações diferenciais não lineares, como se segue:

$$\frac{dS}{dt} = \wedge - (\lambda_M + \lambda_T + \mu + V_s)S$$

$$\frac{dV}{dt} = v_s S - (v_T + v_E + \mu)V$$

$$\frac{dL_T}{dt} = \lambda_T S - (\alpha + \omega + \mu)L_T + v_T V$$

$$\frac{dE_M}{dt} = \lambda_M S - (\emptyset + \pi + \mu)E_M + v_E V$$

$$\frac{dI_T}{dt} = \alpha L_T + n\tau I_{TM} - (\theta\lambda_M + \gamma + \mu + \delta t)I_T$$

$$\frac{dI_M}{dt} = \emptyset E_M + c\tau I_{TM} - (\psi + \sigma\lambda_T + \mu + \delta_M)I_M$$

CONDIÇÕES INICIAIS

em que λ e λ são dados nas equações (1) e (2), e com a expressão inicial

$_{TM}$

condições

$S(0) > 0, E\ (0) \geq 0, I\ (0) \geq 0, E\ (0) \geq 0, I\ (0) \geq 0,$ $I(0) \geq 0, and$ $R(0) \geq 0$

$_{TTMMTM}$

Utilizando o método de Taguchi, matrizes ortogonais L_9 para conceber experiências que variam sistematicamente os parâmetros para compreender o seu efeito no desempenho. Aplicação do método "small-the-better" (STB) para minimizar a resposta.

Relação sinal/ruído (relação S/N) =-10 log $\left(\frac{1}{n}\sum_{i=1}^{n} y^2{}_i\right)$

em que n é o número de observações e i^{TH} é a observação.

A partir das simulações, as conclusões são as seguintes:

O modelo indica que os tratamentos de interferência, em particular a interação entre os medicamentos para a TB e a malária, afectam significativamente a progressão e a dinâmica de transmissão de ambas as doenças. As interações medicamentosas podem conduzir a efeitos sinérgicos ou antagónicos, afectando a eficácia global dos regimes de tratamento.

A incorporação da resistência à vacinação no modelo realça os desafios colocados pela evolução dos agentes patogénicos e a variação nas respostas imunitárias do hospedeiro. As simulações mostram que uma elevada cobertura de vacinação pode reduzir significativamente a prevalência de ambas as doenças. No entanto, o aparecimento de resistência pode minar estes ganhos, exigindo uma monitorização e adaptação contínuas das estratégias de vacinação.

A análise de sensibilidade identifica os principais parâmetros que determinam a dinâmica da doença, tais como as taxas de contacto para a TB e a malária, as taxas de recuperação e as taxas de progressão da TB latente para a TB ativa e da malária exposta para a malária sintomática. A aplicação do método Taguchi sugere que uma combinação de uma elevada cobertura de vacinação (superior a 70%), protocolos de tratamento optimizados que minimizem as interações medicamentosas e uma vigilância robusta dos padrões de resistência é essencial para um controlo eficaz da doença.

O compartimento de co-infeção mostra que os indivíduos co-infectados com TB e malária apresentam taxas de morbilidade e mortalidade mais elevadas. Esta conclusão sublinha a necessidade de programas integrados de gestão da doença que tratem ambas as infecções simultaneamente para melhorar os resultados dos doentes e reduzir o peso global da doença.

No contexto do Quénia, onde ambas as doenças têm um impacto significativo na saúde pública, as conclusões do modelo sublinham a importância de serviços de saúde integrados. A melhoria das infra-estruturas de cuidados de saúde para apoiar o diagnóstico e o tratamento simultâneos da tuberculose e da malária, juntamente com campanhas de vacinação abrangentes, pode atenuar substancialmente o peso da co-infeção.

CONCLUSÃO

Este estudo fornece um modelo matemático abrangente que elucida a dinâmica complexa da co-infeção da tuberculose e da malária, com um enfoque específico na situação no Quénia. Os resultados sublinham o papel fundamental dos tratamentos de interferência e das estratégias de vacinação na gestão do duplo fardo destas doenças. O controlo eficaz da co-infeção da tuberculose e da malária exige programas de tratamento integrados que abordem ambas as doenças em simultâneo. Esta abordagem é crucial para reduzir a morbilidade e a mortalidade associadas à co-infeção. Uma elevada cobertura vacinal, combinada com uma monitorização vigilante da resistência à vacina, é essencial para controlar a propagação da TB e da malária. Os programas de vacinação adaptados aos padrões de resistência emergentes podem manter a eficácia dos esforços de vacinação. A implementação das recomendações do modelo requer o reforço da infraestrutura do sistema de saúde do Quénia, o que inclui o aumento das capacidades de diagnóstico, a garantia da disponibilidade de tratamentos eficazes e a promoção de iniciativas de saúde pública que integrem medidas de controlo da TB e da malária. As políticas adaptativas que respondem a novos dados serão cruciais para manter o controlo destas doenças.

REFERÊNCIAS

1. Abdu-Raddad, L. J., Patnaik, P., & Kublin, J. G. (2006). A infeção dupla com VIH e malária alimenta a propagação de ambas as doenças na África Subsariana. Science, 314(5805), 1603. https://doi.org/10.1126/science.1132338

2. Al-Awadhi, M., Ahmad, S., & Iqbal, J. (2021). Situação atual e epidemiologia da malária na região do Médio Oriente e não só. *Microorganismos*, *9*(2), 338.

3. Al-Awadhi, S. A., Al-Riyami, A. Z., & Al-Hashami, H. (2021). Modulação imunológica e dinâmica de co-infeção na TB e na malária. PLoS ONE, 16(8), e0255598. https://doi.org/10.1371/journal.pone.0255598

4. Baker, D. A. (2010). Malaria gametocytogenesis. Molecular and Biochemical Parasitology, 172(2), 57-65.

5. Baluku, J. B., Nassozi, S., Gyagenda, B. (2019). Prevalência da co-infeção por malária e TB num centro nacional de tratamento da tuberculose no Uganda. Jornal de Medicina Tropical, 3741294. https://doi.org/10.1155/2019/3741294

6. Bates, M., Marais, B. J., & Zumla, A. (2015). Comorbidade da tuberculose com doenças transmissíveis e não transmissíveis. Cold Spring Harbor Perspectives in Medicine, 5(11), a017889.

7. Batista, G., Santos, A., & Almeida, J. (2018). Correlação entre as endemias de tuberculose e malária. BMC Saúde Pública, 18, 863.

8. Bost, C., Smith, J. R., & Patel, K. (2020). Meta-análise de estudos epidemiológicos sobre a co-infeção TB-malária. Jornal de Epidemiologia, 30(5), 410-422. https://doi.org/10.2188/jea.JE20190178

9. Bost, P., Giladi, A., Liu, Y., Bendjelal, Y., Xu, G., David, E., ... & Amit, I. (2020). Mapas de infeção viral do hospedeiro revelam assinaturas de

pacientes graves com COVID-19. *Célula, 181*(7), 1475-1488.

10. Centros de Controlo e Prevenção de Doenças (CDC). (2007, 1 de julho). Factos sobre a malária. Recuperado de http://www.cdc.gov/malaria/facts.htm

11. Chaccour, C., Irurzun, J., & Espinoza, J. (2012). Impacto a nível populacional das vacinas contra a malária. PLoS ONE, 7(7), e41295. https://doi.org/10.1371/journal.pone.0041295

12. Chiyaka, C., Garira, W., & Dhlamini, Z. (2010). Estabilidade e viabilidade da co-endemicidade na TB e na malária. Journal of TheoreticalBiology , 267(1), 93-102. https://doi.org/10.1016/j.jtbi.2010.08.003

13. Cordier, L. F., de Beer, Z., & Kruger, M. (2015). Associações espaciais e endemicidade de doenças. Epidemiology, 26(5), 670-680. https://doi.org/10.1097/EDE.0000000000000331

14. Drain, P. K., Bajema, K. L., Dowdy, D. (2018). Tuberculose incipiente e subclínica: Uma revisão clínica dos estágios iniciais e da progressão da infeção. Clinical Microbiology Reviews, 31(1), e00021-18.

15. Driessche, P., & Watmough, J. (2002). Números de reprodução e equilíbrios endémicos abaixo do limiar para modelos compartimentais de transmissão de doenças. Mathematical Biosciences, 180, 29-48.

16. Enwere, G., Ota, M., & Obaro, S. (1999). The host response in malaria and depression of defence against tuberculosis (A resposta do hospedeiro à malária e a depressão da defesa contra a tuberculose). Annals of Tropical Medicine & Parasitology, 93(7), 669-678.

17. Gao, L., Shi, Q., Liu, Z. (2023). Impacto da pandemia da COVID-19 no controlo da malária em África: Uma análise preliminar. Medicina Tropical e Doenças Infecciosas, 8(2), 67.

18. Haldar, K., Bhattacharjee, S., & Safeukui, I. (2018). Resistência a medicamentos em Plasmodium. Nature Reviews Microbiology, 16, 156-170.

https://doi.org/10.1186/s12889-018-5766-1

19. Irene, A., Enekembe, M., Meriki, H. (2016). O efeito da infeção tripla por malária/HIV/TB na parasitemia da malária, níveis de hemoglobina, células CD4+ e contagem de bacilos álcool-ácido resistentes na região sudoeste dos Camarões. Journal of Infectious Pulmonary Diseases, 2. https://doi.org/10.16966/2470-3176.110

20. Lalremruata, A., Ball, M., Bianucci, R., Welte, B., Nerlich, A. G., Kun, J. F., & Pusch, C. M. (2013). Identificação molecular de co-infecções de malária falciparum e tuberculose humana em múmias da depressão Fayum (Baixo Egito). PloS one, 8(4), e60307.

21. Liu, Q., Mak, J. W. Y., Su, Q., Yeoh, Y. K., Lui, G. C. Y., Ng, S. S. S., ... & Ng, S. C. (2022). Dinâmica da microbiota intestinal em uma coorte prospetiva de pacientes com síndrome COVID-19 pós-aguda. Gut, 71(3), 544-552.

22. Marais, B., Gie, R., Schaaf, H. (2006). O espetro da doença em crianças tratadas para a tuberculose numa área altamente endémica.

23. Mubita, P., Chanda, P., & Kalinda, C. (2019). Danos nos tecidos pulmonares e infecções por malária. American Journal of Tropical Medicine and Hygiene, 100(1), 124-132. https://doi.org/10.4269/ajtmh.18-0425

24. Mueller, A. K., Behrends, J., Hagens, K., Mahlo, J., Schaible, U. E., & Schneider, B. E. (2012). A transmissão natural de Plasmodium berghei exacerba a tuberculose crônica em um experimento
modelo de co-infeção. *PLoS One*, *7*(10), e48110.

25. Muller, B., Bellan, S. E., & Pulliam, J. R. (2017). Modelo de metapopulação multiestrato para co-epidemias. Mathematical Biosciences, 285(3), 120-132. https://doi.org/10.1016/j.mbs.2016.10.009

26. Nana-Djeunga, H. C., Tchouakui, M., Njitchouang, G. R., Tchatchueng-Mbougua, J. B., Nwane, P., Domche, A., ... & Kamgno, J. (2017). Primeira evidência de interrupção da transmissão da filariose linfática nos Camarões:

Progressos no sentido da eliminação. *PLoS doenças tropicais negligenciadas*, *11*(6), e0005633.

27. Pai, M., Kasaeva, T., & Swaminathan, S. (2022). O efeito devastador da COVID-19 nos cuidados com a tuberculose - Um caminho para a recuperação. New England Journal of Medicine, 386(15), 1490-1493.

28. Roger, E. (2021). Cargas bacterianas e comprometimento imunológico em pacientes co-infectados. Clinical Infectious Diseases, 73(7), 1295-1303. https://doi.org/10.1093/cid/ciab123

29. Roger, V. L. (2021). Epidemiologia da insuficiência cardíaca: uma perspetiva contemporânea. *Circulation research*, *128*(10), 1421-1434.

30. Ross, R. (1911). The Prevention of Malaria. Londres.

31. Salgame, P., & Geadas, C. L. (2015). Infeção latente da tuberculose: revisitando e revendo conceitos. Tuberculose, 95(3), 373-384.

32. Shingadia, D., & Novelli, V. (2003). Diagnosis and treatment of tuberculosis in children (Diagnóstico e tratamento da tuberculose em crianças). The Lancet Infectious Diseases, 3(12), 624-632.

33. Silva, C. J., Cantin, G., Cruz, C., Fonseca-Pinto, R., Passadouro, R., Dos Santos, E. S., & Torres, D. F. (2022). Modelo de rede complexa para COVID-19: comportamento humano, soluções pseudo-periódicas e múltiplas ondas epidémicas. *Journal of mathematical analysis and applications*, *514*(2), 125171.

34. Silva, S., Ferreira, A., & Santos, L. (2022). Modelação matemática em epidemiologia. Journal of Infectious Diseases, 225(3), 123-145. https://doi.org/10.1093/infdis/jiaa123

35. Tchatchueng, J. B., Lounnas, M., &Azinwi , R. (2022). Propagação espácio-temporal de co-infecções. Journal of Mathematical Biology, 85(2), 245-260. https://doi.org/10.1007/s00285-022-01685-4

36. Tchatchueng, J. B., Ngo, B. K., & Ndongo, R. M. (2017). Patologia

pulmonar e defesas imunitárias locais. BMC Infectious Diseases, 17, 499. https://doi.org/10.1186/s12879-017-2591-5

37. Teixeira R, Rodrigues MGA, Ferreira MD. (2019) Tuberculose e malária caminham lado a lado na Amazônia brasileira: uma abordagem ecológica. Trop med int health 2019; 24:1003-10.

38. Tiberi, S., Ustianesanovic, N., Galvin, J. (2022). TB resistente a medicamentos - desenvolvimentos recentes em epidemiologia, diagnóstico e gestão. International Journal of Infectious Diseases, 124(Suppl 1), S20-S25.

39. Tomé, J., Dias, J. P., & Fernandes, M. (2018). Interações medicamentosas no tratamento da tuberculose e da malária. Journal of Pharmacology, 12(4), 112-126. https://doi.org/10.1111/jph.12345

40. Tomé, T., & De Oliveira, M. J. (2011). Modelos suscetível-infetado-recuperado e suscetível-exposto-infetado. *Jornal de Física A: Matemática e Teoria*, *44*(9), 095005.

41. Tran, Q., Nguyen, T., & Le, H. (2018). Vacinas combinadas contra a TBandmalária . Vacina, 36 (2), 247-257. https://doi.org/10.1016/j.vaccine.2017.11.018

42. Tran, Q., Nguyen, T., & Le, H. (2019). Modelo espacial de co-transmissão TB-malária. Journal of Theoretical Biology, 482, 109-122. https://doi.org/10.1016/j.jtbi.2019.04.019

43. Valadas, E., Gomes, A., Sutre, A. (2013). Tuberculose com malária ou co-infeção por VIH num hospital de grande dimensão em Luanda, Angola. Revista de Infeção nos Países em Desenvolvimento, 7(3), 269-272.

44. Veloso, E. C. M., da Silva Negreiros, A., da Silva, J. P., Moura, L. D., Nascimento, L. F. M., Silva, T. S., ... & e Cruz, M. D. S. P. (2021). Fatores socioeconômicos e ambientais associados à ocorrência de infeção canina por Leishmania infantum em Teresina, Brasil. Parasitologia Veterinária: Regional Studies and Reports, 24, 100561.

45. Watson, A., Ouma, C., & Omondi, P. (2013). Intervenções integradas de

profilaxia e vacinação. Vaccine, 31(49), 5901-5909.
lalhttps://doi.org/10.1016/j.vaccine.2013.10.012

46. White, N. J. (1996). The treatment of malaria. New England Journal of Medicine, 335(8), 800-806.

47. Organização Mundial de Saúde. (2022). Relatório mundial sobre a malária 2022. Obtido de https://www.who.int/teams/global-malaria-programme/reports/worl d-malaria-report-2022

48. Organização Mundial de Saúde. (2023). Relatório global sobre a tuberculose 2023. Organização Mundial de Saúde.

49. Xiao, X., Lin, Z., & Huang, Y. (2016). Estratégias de terapia sequencial na co-infeção. Journal of Infectious Diseases, 213(2), 210-218. https://doi.org/10.1093/infdis/jiv375

O EFEITO DA ALTERAÇÃO DA ÁREA DA SECÇÃO TRANSVERSAL DE DOIS CANAIS LATERAIS DE ESCOAMENTO NO CANAL PRINCIPAL DISCHARGE

Chirchir A.C, Universidade de Eldoret, Faculdade de Ciências, Departamento de Matemática e Ciências da Computação, Universidade de Eldoret, Quénia

Resumo

Neste estudo, examinámos o escoamento de dois canais de entrada laterais num canal retangular aberto feito pelo homem de um fluido newtoniano incompressível. Foi investigada a influência da área da secção transversal, uma vez que variam de forma diretamente proporcional entre si para dois canais de entrada laterais, na forma como afectam o caudal no canal retangular aberto principal. Quando o caudal aumenta, o caudal aumenta também, e quando a velocidade do caudal diminui, o caudal diminui também, uma vez que o caudal é diretamente proporcional à velocidade do caudal. As equações que regulam o caudal são as equações da continuidade e do momento do movimento, que são extremamente não lineares e não podem ser resolvidas por um método exato. O método das diferenças finitas é então utilizado para calcular numericamente uma solução aproximada para estas equações diferenciais parciais devido à sua precisão, consistência, estabilidade e convergência. O software MATLAB foi utilizado para gerar os resultados que são apresentados em gráficos. A análise revelou que o aumento da área da secção transversal dos canais de entrada laterais aumenta a velocidade do fluxo no canal principal.

Palavras-chave: Canal de afluência lateral, área da secção transversal, canal principal

LISTA DE NOTAÇÕES

v	Velocidade média do fluxo (m/s)
L	Comprimento do canal de entrada lateral (m)
g	Aceleração devida à gravidade (ms)-2
Q	Descarga no canal principal (m s)3-1
Q_1 *and* Q	Descarga dos canais de afluência lateral (m s)3-1
A	Área da secção transversal do escoamento (m)2
n	O coeficiente de rugosidade da tripulação (Sm)-1/3
S_o	A inclinação do fundo do canal
S_f	Inclinação de fricção = $=\frac{n^2v^2}{R^{\frac{4}{3}}}$
T	Largura superior da superfície livre (m)
y	Profundidade do caudal (m)
y_1 e y_2	é a profundidade nos dois afluxos laterais, respetivamente (m)
t	Tempo (s)
q	Caudal lateral uniforme (m s3-1)
R	Raio hidráulico (m)
x	Distância ao longo da direção do fluxo principal (m)
θ_1 *and* θ_2	Ângulo do canal de descarga lateral em graus
Δ	diferença a prazo
$\frac{\partial A}{\partial t}$	Taxa de variação da área do escoamento com o tempo (m^2 /s)
$\frac{\partial Q}{\partial x}$	Taxa de variação da descarga com a distância (m^2 /s)
T_3	Largura superior do canal principal (m)

T &T_{12}	Largura superior dos dois canais de afluência lateral (m)
c	Coeficiente de resistência do fluxo (coeficiente de Chezy)

Informações gerais

Em 2018, 2019 e 2020, o Quénia registou fortes chuvas, o que fez com que as pontes fossem arrastadas pelas cheias dos rios e as barragens rompessem as suas paredes. Exemplos desta catástrofe ambiental ocorrida em 2018 são a barragem de Solai, em Nakuru, no Quénia, que rompeu as suas paredes e matou 47 pessoas depois de ter rompido as suas paredes e varrido todos os recursos importantes, como casas, árvores, veículos, animais e pessoas dessa aldeia. Além disso, em 2019, houve um deslizamento de terras em West Pokot, as estradas foram bloqueadas e algumas pontes foram varridas. Além disso, Nakuru, Elgeyo Marakwet, Baringo, Nandi, Kisumu e muitas outras regiões continuam a ser afectadas por inundações durante as chuvas normais. Em 30 de junho deth , 2020, a Sociedade da Cruz Vermelha do Quénia informou, no relatório sobre a situação das inundações, que, devido ao aumento da precipitação (MAM 2020) na maior parte do país, se registaram deslizamentos de terras, inundações de rios e deslocações de pessoas, uma vez que mais casas e bens domésticos foram destruídos. Um total de 43 dos 47 condados comunicaram os efeitos das inundações, sendo a região do Quénia Ocidental, a região costeira, a região do Nordeste e a região do Rift Norte as que registaram mais deslocações. O número total de agregados familiares deslocados pelas inundações foi registado como 42 064 HH, afectando mais de 252 384 pessoas até ao final de junho de 2020. Por conseguinte, é muito importante conceber canais que regulem esta catástrofe ambiental e, mais importante ainda, utilizar a mesma água para irrigar as terras agrícolas. O facto de o problema das inundações ainda persistir e de a necessidade de transportar água para irrigação continuar a ser exigida significa que é necessário um modelo de canal eficiente com duas entradas laterais para transportar a descarga máxima.

Os canais abertos são conhecidos como canais com um topo aberto, enquanto os canais com um topo fechado são designados por canais fechados. Bons exemplos de canais abertos são os rios e ribeiros, enquanto os exemplos de condutas fechadas são os tubos e os túneis. Foram concebidos canais abertos de terra e de betão com diferentes secções transversais, como a trapezoidal, a retangular e a circular.

No mundo em geral, os engenheiros tentaram, entre outras coisas, canalizar a água para um local específico. As redes de irrigação e as barragens para a produção de energia são exemplos disso. No Quénia, a maioria das redes rodoviárias carece de sistemas de drenagem eficientes, especialmente as estradas rurais; por conseguinte, a carnificina rodoviária, as mortes e a devastação económica são demasiado comuns, especialmente quando chove. Esta situação tem um efeito negativo na concretização da visão do Quénia para 2030, que visa criar uma nação de alta qualidade, internacionalmente competitiva e próspera até 2030. São três os principais pilares da visão 2030 que o governo pretende concretizar. Estes são os fundamentos do valor económico, político e social. Estes três pilares estão relacionados com a nossa investigação devido ao facto de uma drenagem inadequada afetar diretamente a economia das pessoas. Por exemplo, os transportes são interrompidos quando chove e as estradas ficam cortadas pelo escoamento, o que afecta o fluxo de bens e serviços. São frequentemente utilizadas grandes quantidades de dinheiro para reparar pontes, esgotos, aeroportos e parques infantis. Devido ao bloqueio dos esgotos e das estradas, as pessoas também entraram em greve, o que afecta o bom funcionamento das empresas. Além disso, os surtos de doenças e outros problemas de saúde conexos constituem um perigo para a saúde da população se a drenagem for insuficiente. Por conseguinte, o nosso estudo tem como objetivo encontrar soluções para estes problemas relacionados com a drenagem, a fim de contribuir para a visão 2030.

Na sequência de investigações realizadas por diferentes investigadores, por exemplo, Jomba et al (2015) investigaram o escoamento de fluidos num canal aberto com uma secção transversal em ferradura, Ojiambo et al (2014) e Tsombe et al (2011) realizaram uma investigação centrada no escoamento não uniforme instável em canais abertos com secção transversal circular, Tuitoek e Hicks (2001) investigaram a gestão de inundações através da simulação de canais compostos com escoamento errático, a fim de gerir melhor as inundações. Ao desenvolverem um modelo baseado nas equações de fluxo de Saint Venant, acrescentaram alguma terminologia para ter em conta o fenómeno do momento de movimento para integrar uma inconsistência no fluxo nos canais compostos e para fluxos em canais abertos com afluência lateral uniforme e localizada, Fan e Li (2005) desenvolveram equações de ondas difusivas. Na sua formulação, forneceram as equações da continuidade e do momento para um canal aberto com um canal de entrada lateral que intersecta o canal aberto principal num ângulo diferente, Mohammed (2013) estudou como quatro ângulos diferentes afectam o coeficiente de descarga utilizando um açude oblíquo na direção do fluxo, em comparação com o lado do fundo do canal. 30° , 60° , 75° , e 90° foram os quatro ângulos que mudaram consoante a direção do fluxo e, mais ainda, Karimi et al. (2014) e Samuel M.K. (2020) realizaram uma investigação sobre a modelação de fluidos no caso de um único canal de entrada num canal retangular aberto e num canal trapezoidal aberto, respetivamente.

De acordo com a literatura, muita investigação parece ter sido efectuada em canais abertos sem dois canais de entrada laterais. A investigação sobre o canal de afluência lateral, por outro lado, só foi feita num único canal de afluência e em laboratório. Consequentemente, pouca investigação foi feita em canais abertos com dois canais de afluência lateral utilizando modelação matemática e soluções numéricas.

Como resultado, o problema é modelado matematicamente usando as equações de Saint Venant, e as equações são resolvidas usando o método de diferenças finitas neste estudo.

A análise centrar-se-á na área da secção transversal adequada, no comprimento do afluxo lateral e nos ângulos de alinhamento com dois canais de afluxo, a fim de ajudar na prevenção de bloqueios dos canais de drenagem, que são uma ocorrência frequente nos sistemas de drenagem. Esperamos que os resultados deste estudo sejam úteis na conceção de sistemas de drenagem para a construção de estradas, construção de esgotos, drenagem de ruas, barragens longas e construção de aeroportos no Quénia e noutros locais.

1.2 Equação de Saint Venant

Foi desenvolvida por dois matemáticos, De Saint Venant e Bousinnesque, no século XIX, a partir da equação de Navier para condições de escoamento em águas pouco profundas e a uma dimensão. O encaminhamento dinâmico é a solução da equação de Saint Venant e é frequentemente utilizado para medir ou comparar outras técnicas. Em canais abertos, são as equações que caracterizam a propagação de uma onda de inundação em termos de distância ao longo do canal e de tempo. É composta por duas equações: a equação da continuidade e a equação do momento. Os termos inerciais que aparecem na equação do momento da equação de Saint-Venant podem ser ignorados para a maioria dos eventos de cheia na maioria dos rios, porque são comparativamente menores do que os termos decorrentes da gravidade e das forças de resistência Henderson (1963), resultando num modelo simplificado de escoamento em canal aberto. A propagação de ondas em águas pouco profundas em canais abertos é representada pelas equações hidrodinâmicas de Saint-Venant, que são obtidas a partir das equações de Navier-Stokes com média de profundidade. Para um canal retangular, as equações unidimensionais de Saint-Venant são as seguintes (Chow 1959):

Equação da continuidade (forma de conservação)

$$\frac{\partial Q}{\partial x} + \frac{\partial A}{\partial t} = 0 \qquad (1.1)$$

Equação do momento (1.2)

$$\frac{1}{A}\frac{\partial Q}{\partial t} + \frac{1}{A}\frac{\partial}{\partial x}\left(\frac{Q^2}{A}\right) + g\frac{\partial y}{\partial x} - g(S_o - S_f) = 0$$

Das equações (1.1) e (1.2) Q é o caudal, A a área da secção transversal, g a força gravitacional, y a profundidade, s_0 o declive do fundo e s_f o declive de atrito

Em 1871, Saint Venant sugeriu as equações que regem o escoamento instável unidimensional num canal aberto, que incluíam as equações da continuidade e do momento, e Shang et al (2012) investigaram a equação e confirmaram que se trata de uma verdadeira equação para analisar o escoamento instável unidimensional num canal aberto.

As equações de Saint-Venant, também conhecidas como modelo dinâmico de ondas, são as equações que regem a conservação da massa e do momento para o escoamento não estacionário em canal aberto Chanson (2004). A resolução destas equações requer grandes quantidades de dados para prescrever a geometria do canal ao longo da extensão e uma integração numérica elaborada para garantir a exatidão e a convergência Szymkiewicz (2010) e, por isso, ao longo dos anos têm-se procurado formas simplificadas das equações que possam ser mais fáceis de utilizar em aplicações práticas, como a previsão operacional de cheias. Entre as simplificações mais frequentemente utilizadas encontra-se a aproximação difusiva das ondas, que negligencia os termos inerciais. Embora tenha sido proposta uma designação mais apropriada "onda não inercial", Yen e Tsai (2001), o termo onda difusiva continua a ser amplamente utilizado, sendo também adotado aqui para evitar confusões. O modelo de onda difusiva é atrativo por várias razões Cappelaere (1997).

Combina o sistema de equações numa única equação de uma única variável de estado do escoamento.

2.2 Revisão do fluxo do canal lateral

Jomba et al (2015) investigaram o escoamento de fluidos num canal aberto com uma secção transversal em ferradura. A partir do estudo, estabeleceu que, para uma área de escoamento fixa, a velocidade do escoamento aumenta à medida que a profundidade aumenta em direção ao fluxo livre. Também estabeleceu que um aumento do raio hidráulico e do coeficiente de rugosidade resulta numa redução da velocidade devido ao aumento das tensões de cisalhamento. Tuitoek e Hicks (2001) investigaram a gestão das cheias através da simulação de canais compostos com escoamento irregular, a fim de melhor gerir as cheias. Ao desenvolverem um modelo baseado nas equações de fluxo de Saint Venant, acrescentaram alguma terminologia para ter em conta o fenómeno do momento de movimento para integrar uma inconsistência no fluxo nos canais compostos.

Ojiambo et al (2014) realizaram uma investigação que se centrou no escoamento não uniforme e instável em canais abertos com secção transversal circular. As conclusões foram que um aumento da área da secção transversal e da profundidade do escoamento conduz a uma diminuição da velocidade do escoamento. Um aumento da taxa de entrada lateral por unidade de comprimento do canal conduz a uma diminuição da velocidade do escoamento.

Kwanza et al. (2007) estudaram os efeitos da descarga lateral e do declive, largura, velocidade e profundidade do canal, à medida que variam de um ponto para outro do canal, na velocidade do fluido e na descarga do canal em canais trapezoidais e rectangulares. Eles observaram que, para aumentar a descarga do canal, a inclinação, a largura e a descarga lateral do canal precisam ser aumentadas. Além disso, ao reduzir o perímetro molhado, a taxa de fluxo do fluido aumenta.

Tsombe et al (2011) investigaram o fluxo em canais abertos com uma área de secção transversal circular. Descobriu que, quando a profundidade do escoamento aumenta, resulta numa redução da velocidade do fluido. Também a redução do declive leva a uma diminuição da velocidade do fluxo.

O escoamento de fluidos em canais abertos rectangulares e triangulares foi estudado por Thiong'o (2011). As suas observações sobre canais rectangulares foram próximas das de Kwanza et al (2007). Num canal retangular aberto, a velocidade do fluxo aumentou à medida que o declive, a descarga e a largura aumentaram, de acordo com as suas conclusões. Por outro lado, o aumento da periferia húmida do canal resultou numa diminuição da velocidade do escoamento. Ambos utilizaram o método das diferenças finitas como instrumento computacional para resolver as equações da continuidade e do momento.

O rácio do canal principal entre a descarga a jusante e a descarga a montante, tal como definido por Ramamurthy e Satish (1988), Ingle e Mahankal (1990), é o parâmetro mais importante na avaliação do fluxo aberto com um canal lateral de 90° . Quando estes resultados foram comparados com alguns resultados experimentais, verificou-se que o estudo produziu resultados satisfatórios.

A estrutura do escoamento é definida pela rugosidade do leito, bem como pelo rácio de velocidade entre os canais principais e secundários, de acordo com Neary e Odgaard (1993).

Barkdoll et al (1999) descobriram que o rácio do fluxo de desvio tem o maior impacto no rácio de difusão de sedimentos da entrada lateral, e é feito em linha reta com um ângulo de entrada de 90^0 .

Yang et al (2009) analisaram sistemas de fluxo com ângulos de desvio de 90°, 45° e 30°. Para melhorar o padrão de fluxo do fluido, foi sugerido um ângulo de desvio de 30° a 45°.

Ao concentrarem-se no regime de escoamento subcrítico, Ramamurthy e Satish

(1988) investigaram teórica e experimentalmente a divisão de escoamentos com um ramo lateral submerso. Os investigadores desenvolveram teoricamente um modelo relacionando os rácios de descarga e a profundidade de jusante para montante com o número de Froude a montante. As suas descobertas revelaram que a zona de recirculação a jusante da junção provoca uma contração na secção do canal, fazendo com que o escoamento mude para um escoamento supercrítico. A descarga no ramo do canal lateral pode ser calculada utilizando a fórmula de Mizumura et al (2003) para rios supercríticos que transbordam, o que se compara bem com os resultados de Mizumura (2005).

Mohammed (2013) estudou a forma como quatro ângulos diferentes afectam o coeficiente de descarga utilizando um açude oblíquo na direção do fluxo, em comparação com o lado do fundo do canal. 30° , 60° , 75° , e 90° foram os quatro ângulos que mudaram em função da direção do fluxo. A pesquisa descobriu que a maior descarga foi alcançada quando o açude lateral foi inclinado a 30 graus.

Masjedi e Taeedi (2011) analisaram os efeitos do ângulo de admissão no rácio de descarga da admissão lateral com uma curva de 180° em laboratório. Os ensaios foram efectuados com uma gama de números de Froude e ângulos de entrada. De acordo com o estudo, a um ângulo de entrada lateral de 45° , o rácio de descarga melhorou em todos os locais da curva do canal de 180° .

Karimi et al. (2014) realizaram uma investigação sobre a modelação de fluidos no caso de um único canal de entrada num canal aberto e descobriram que a velocidade do canal aberto principal não aumenta necessariamente com o aumento do ângulo do canal de entrada lateral. Ângulos entre 30 e 50 graus produzem valores de velocidade mais altos no canal aberto principal do que outros ângulos.

Omari et al (2018) realizaram uma investigação num canal fechado com uma área de secção transversal circular. Os resultados obtidos mostraram que um aumento na área da secção transversal do fluxo de esgoto resulta numa diminuição da profundidade do esgoto. Observou-se que uma diminuição na inclinação de atrito leva a um aumento na velocidade do fluxo de esgoto. Também se verificou que um aumento do ângulo de inclinação do túnel resulta num aumento da velocidade do esgoto.

Num modelo estatístico de escoamento de fluidos num canal trapezoidal aberto com canal de entrada lateral, Samuel M.K. (2020) verificou que a diminuição da área da secção transversal aumenta a velocidade do escoamento, enquanto o aumento do comprimento do canal de entrada lateral diminui a velocidade do escoamento. É também de notar que o aumento da velocidade do canal de entrada lateral aumenta a velocidade do escoamento e que um ângulo de trinta a cinquenta graus aumenta a velocidade do escoamento em relação a outros ângulos do canal de entrada lateral.

Zhou J. et al (2021) investigaram a influência de diferentes ângulos de curvatura lateral no padrão de fluxo de entrada lateral da estação de bombagem e concluíram que a comparação das condições de entrada de água da passagem de água com os resultados da simulação numérica de ângulos de curvatura de 45° e 60° mostrou que quanto maior era o ângulo de curvatura lateral da câmara de carga, pior era o padrão de fluxo de água e mais desfavorável era o funcionamento da bomba.

2.3 Revisão do método numérico

Para escoamentos em canal aberto com afluência lateral uniforme e localizada, Fan e Li (2005) desenvolveram equações de ondas difusivas. Na sua formulação, forneceram as equações da continuidade e do momento para um canal aberto com um canal de entrada lateral que intersecta o canal aberto principal num ângulo diferente.

Shamaa (2021) resolveu problemas do tipo operação em canal aberto utilizando a construção implícita de diferenças finitas de Preissmann, construída sobre as equações de Saint Venant. O modelo implícito do método das diferenças finitas apresentou menos oscilações e mais precisão do que um modelo explícito.

Os esquemas difusivos de Preissmann e Lax, que são dois métodos numéricos distintos para a solução numérica das equações de Saint Venant, foram investigados por Akbari e Firoozi (2010). Com o objetivo de compreender melhor o processo de propagação, estas equações regulam a propagação das ondas de inundação em cursos de água naturais. Os resultados do estudo indicaram que os parâmetros hidráulicos desempenham um papel significativo nestas ondas.

Chagas e Souza (2005) utilizaram o estudo de enchentes em rios para resolver a equação de Saint Venant. O objetivo desta análise foi obter uma melhor compreensão do processo de propagação através da utilização de uma discretização para as equações de Saint Venant. De acordo com as suas observações, os parâmetros hidráulicos desempenham um papel significativo na transmissão das ondas de inundação.

Souad Mnassri e Ali Triki (2021) estudam o comportamento do escoamento unidirecional em canais abertos trapezoidais e os resultados obtidos pelo algoritmo proposto são muito semelhantes aos obtidos pelo algoritmo alternativo baseado no método das diferenças finitas

3.1 Caso de modelo matemático

Um modelo matemático de um canal retangular aberto com dois canais de entrada laterais em ângulo. Sejam Q, q_1 e q_2 a descarga no canal aberto retangular, bem como os dois canais de entrada laterais, respetivamente. L_1 , L_2 , Θ_1 e Θ_2 reflectem o comprimento e os diferentes ângulos dos dois canais de entrada laterais, respetivamente. A largura superior dos dois canais de entrada laterais e do canal primário são T_1 ,T_2 e T_3 . Num intervalo de tempo dt, a quantidade líquida de fluido que atinge a célula dx é levada em consideração conforme Chirchir., (2021).

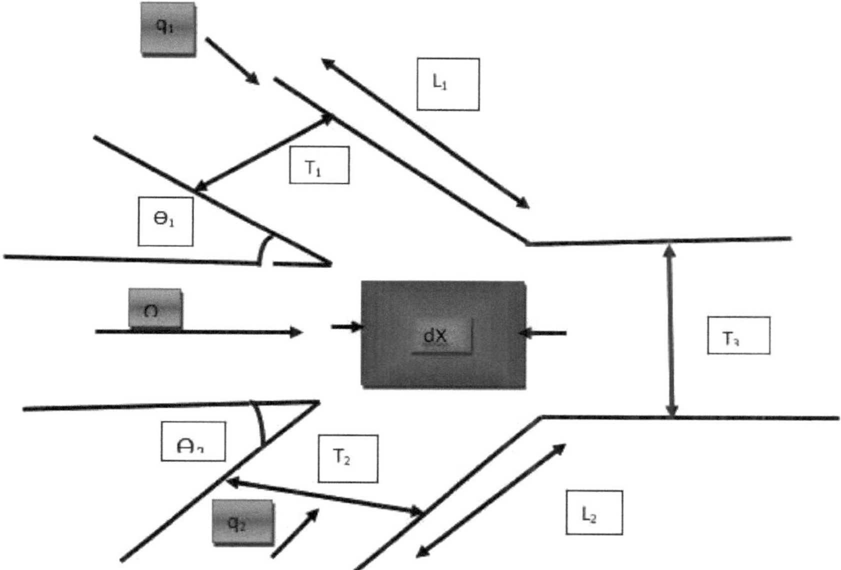

Figura 1: Caso do modelo matemático

Pressupostos a adotar:

i. O fluido é newtoniano

ii. O fluido é considerado incompressível e a densidade é constante em todo o lado. $\rho = constant$

iii. Fluxo instável (alterações nas variáveis do fluido em relação ao tempo num ponto)

iv. A gravidade é a única responsável pelas forças que causam o fluxo, e outras forças produzidas na região da junção são ignoradas.

v. O fluxo é unidimensional , com a maior parte do momento a acontecer em torno do eixo x e a depender completamente de x.

vi. O comprimento, a largura superior, a profundidade e os ângulos dos dois canais de entrada devem ser diretamente proporcionais entre si.

$L = L_{12}$, $T = T_{12}$, $y = y_{12}$ $\Theta = \Theta_{12}$

vii. Não se regista uma acumulação substancial de pequenas partículas entre o canal aberto primário e os dois canais de afluência laterais.

viii. Não se regista um desenvolvimento turbulento importante entre o canal aberto primário e os dois canais de afluência laterais.

Consideramos soluções de aproximação usando o método das diferenças finitas e, mais importante, o uso de ferramentas MATLAB para derivar os resultados em diagramas, usando as condições acima e combinando com a equação da continuidade e a equação do momento de movimento, que produzirá uma equação não linear.

3.2 Formulação matemática

3.2.1 Equação da continuidade (conservação da massa)

A equação da continuidade é um tipo de equação diferencial que descreve o movimento de uma quantidade conservada, como a massa.

A equação da continuidade que governa o fluxo num canal aberto que não é consistente com qualquer forma é fornecida por,

$$+\frac{\partial\ Q\ \ \partial A}{\partial x \partial t} = q$$

(3.1)

A partir do modelo acima, a célula com influxo lateral dx, num intervalo dt, é considerada O volume total é $\frac{\partial Q}{\partial x} dxdt.$

A descarga dos dois canais de afluência lateral será de duas vezes $\frac{q}{L} \sin \theta \, dxdt$

porque foi inclinado num ângulo Θ enquanto o incremento de fluido é$\frac{\partial A}{\partial t} dxdt$

e a densidade é constante. Utilizando a lei da conservação dos fluidos, de acordo com Macharia et al (2014)

temos

$$\frac{\partial Q}{\partial x} dxdt + \frac{\partial A}{\partial t} dxdt = \frac{q_1}{L_1} \sin \theta_1 \, dxdt + \frac{q_2}{L_2} \sin \theta_2 \, dxdt$$
(3.2)

Uma vez que os pressupostos apresentados acima.

Em que $q = q =$ $qq + q =$ $2qL = L =$ $L\theta = \theta$
$= \theta$

12121212

Aplicando a equação (3.2). Obtemos

$$\frac{\partial Q}{\partial x} dxdt + \frac{\partial A}{\partial t} dxdt = 2\frac{q}{L} \sin \theta \, dxdt$$
(3.3)

A equação (3.4) pode ser reduzida em ambos os lados por dxdt

$\frac{\partial Q}{} + \frac{\partial A}{} = 2\frac{q}{} \sin$
$\partial x \partial t L$

(3.4)

Uma quantidade conservada não pode diminuir nem aumentar; só pode deslocar-se de um local para outro. A equação, de Tsombe et al (2011), é

$$T\frac{\partial y}{\partial t} + vT\frac{\partial y}{\partial x} + A\frac{\partial v}{\partial x} - q = 0$$
(3.5)

$q = 2\frac{q}{L} \sin \theta$ and

Substituindo a equação (3.4) na equação (3.5), onde

arranjo obtemos

$$\frac{\partial y}{\partial t} + v\frac{\partial y}{\partial x} + \frac{A}{T}\frac{\partial v}{\partial x} = 2\frac{q}{TL}\sin\theta$$
(3.6)

A equação (3.6) é a equação geral da continuidade para o escoamento em canal aberto com dois canais de entrada laterais em ângulo.

3.2.2 Equação do momento

A equação do momento é utilizada para descrever o movimento das partículas de um fluido. Esta equação é derivada da segunda lei do movimento de Newton, juntamente com a afirmação de que a tensão do fluido é a soma do termo de difusão viscosa mais um termo de pressão. Este é o ritmo a que o momento linear do sistema se altera ao longo do tempo. A partir do modelo acima, num intervalo dt, o momento total para o

célula dx é $\frac{\partial QV}{\partial x} dxdt.$ A componente de entrada lateral da velocidade na direção do escoamento éu cos cos

Assim, o momento de entrada lateral na célula dx num intervalo de tempo dt

$$\frac{q}{L}\sin\theta\, u\cos\theta dxdt.$$

A pressão e o peso do fluido na direção do escoamento são $g\frac{\partial(yA)}{\partial x} dxdt$

e $gA(S_f - S_0)dxdt$ respetivamente. O incremento de momento para a célula dx é

$\frac{\partial Q}{\partial t} dxdt$. Assim, na equação do momento temos, de acordo com a lei da conservação, onde

$$\frac{\partial Q}{\partial t}dxdt + \frac{\partial QV}{\partial x}dxdt + g\frac{\partial (yA)}{\partial x}dxdt + gA(S_f - S_o)dxdt$$
$$= 2\frac{q}{L}\sin\theta\, u\cos\theta\, dxdt$$

(3.7)

Observando que $Q = Av$

Substituindo Q=Av , diferenciando parcialmente em relação a x e reordenando a equação, obtemos

$$\frac{\partial V}{\partial t} + v\frac{\partial V}{\partial x} + g\frac{\partial y}{\partial x} + g(S_f - S_o) = 2\frac{q}{AL}\sin\theta(u\cos\theta - v)$$
(3.8)

A equação (3.8) é a equação geral do momento de um canal aberto com dois canais de entrada laterais em ângulos variáveis.

3.2.3 Procedimento de solução

Uma vez que as equações que regem (3.6) e (3.8) são não lineares e, portanto, não podem ser resolvidas pelo método exato. Especificamente, utiliza-se a abordagem de diferenças finitas para o esquema difusivo, especificamente a diferença progressiva, para aproximar os resultados.

Nós aceitamos

$$\frac{\partial v}{\partial t} = \frac{v(i,j+1) - v(i,j))}{\Delta t} \quad (3.9)$$

$$\frac{\partial y}{\partial t} = \frac{y(i,j+1) - y(i,j))}{\Delta t} \quad (3.10)$$

$$\frac{\partial v}{\partial x} = \frac{v(i+1,j) - v(i-1,j)}{2\Delta x}$$
(3.11)

$$\frac{\partial y}{\partial x} = \frac{y(i+1,j) - y(i-1,j)}{2\Delta x}$$
(3.12)

Substituindo as equações (3.9), (3.10), (3.11) e (3.12) na equação (3.6)

$$\frac{y(i,j+1)-y(i,j)}{\Delta t} + v(i,j)\left(\frac{y(i+1,j)-y(i-1,j)}{2\Delta x}\right) + \frac{A}{T}\left(\frac{v(i+1,j)-v(i-1,j)}{2\Delta x}\right) = \frac{2q}{TL}\sin\theta$$

.............(3.13)

Rearranjando, obtemos

$$y(i,j+1) = \Delta t\left(-v(i,j)\left(\frac{y(i+1,j)-y(i-1,j)}{2\Delta x}\right) - \frac{A}{T}\left(\frac{v(i+1,j)-v(i-1,j)}{2\Delta x}\right) + \frac{2q}{TL}\sin\theta\right) + y(i,j)$$

(3.14)

Substituir também as equações (3.9), (3.10), (3.11) e (3.12) na equação (3.8) Obtemos

$$\frac{v(i,j+1)-v(i,j)}{\Delta t} + v(i,j)\left(\frac{v(i+1,j)-v(i-1,j)}{2\Delta x}\right) + g\left(\frac{y(i+1,j)-y(i-1,j)}{2\Delta x}\right) + g(S_f - S_O) = \frac{2q}{TL}\sin\theta(u\cos\theta - v(i,j))$$

....3.15)

Rearranjando, obtemos

$$v(i,j+1) = \Delta t\left(-v(i,j)\left(\frac{v(i+1,j)-v(i-1,j)}{2\Delta x}\right) - g\left(\frac{y(i+1,j)-y(i-1,j)}{2\Delta x}\right) - g(S_f - S_O) + \frac{2q}{TL}\sin\theta(u\cos\theta - v(i,j))\right) + v(i,j)$$

....(3.16)

A velocidade u_o =10 m/s e a profundidade do canal y_o =0,5 m são agora utilizadas como condições iniciais e de fronteira na forma de diferenças finitas.

Condições iniciais,

$y(0,x) = 0$ $\qquad$ $v(0,x) = 0$

(3.17)

As condições de fronteira

$y(t, x\, \text{initial})\ (= 30$ $\qquad$ $vt, x\, \text{initial}) = 20$

(3.18)

$y(t, \quad x = {}_{\text{finalfinal}}\ 10v\,t, \quad (\quad x = 20$

(3.19)

São utilizados valores muito pequenos de Δt para resolver as duas equações. Nesta análise, fixámos $\Delta x=20$ e $\Delta t=0,05$. Entende-se que este processo de diferenças finitas é convergente e numericamente estável. O número de subdivisões foi considerado como sendo 5 ao longo do canal e 20 subdivisões ao longo do período. De acordo com Kazezyilmaz-Alhan (2012), a inclinação do fundo adequada para a simulação varia entre 0,001 e 0,0001 e Handerson (1966) preferiu uma inclinação superior a 0,002 para simulações das ondas de inundação naturais nos rios, pelo que escolhemos 0,002.

Foram também consideradas as seguintes constantes:

$$T = 1, L = 1, q = 0.3, \theta = \frac{\pi}{3} = 60^0, g = 9.82, n = 0.01, R = 1.1$$

Lin et al (1979) utilizaram a fórmula de Manning e o coeficiente de n=0,01 em todo o estudo, Chung-Chieh (1998) estudou o escoamento em 90^0 junção de canais abertos de largura igual com uma gama de descargas de $0,1 \leq Q \leq 0,9$ e verificou que os resultados de Q=0,1, 0,4 e 0,8 revelam que grandes razões de descarga estão associadas a ângulos de escoamento médios de profundidade mais pequenos e são menos uniformemente distribuídos ao longo da entrada do canal de derivação. Além disso, a deflexão do fluxo no canto a montante da entrada do canal de derivação aumenta com o rácio de descarga.

O software MATLAB é utilizado para simular as equações (3.14) e (3.16) que aparecem no Apêndice. Isto foi feito variando i e j em vários pontos nodais. Em seguida, os três gráficos foram traçados utilizando os valores da velocidade e do tempo num determinado local. Foram investigados vários parâmetros de escoamento, como a área, o comprimento e o ângulo, para determinar como afectam a velocidade.

RESULTADOS E DISCUSSÃO

4.1 Resultados

Tabela 1:Velocidade versus tempo: Área =0,01,100,400,800

	Velocidade (m/s/s)			
Tempo (segundos)	A=0.01	A=100	A=400	A=800
0	0	0	0	0
0.05	0.0081	0.0081	0.0081	0.0081
0.1	0.0162	0.0162	0.0162	0.0162
0.15	0.0241	0.0243	0.0249	0.0257
0.2	0.032	0.0328	0.0359	0.0413
0.25	0.0398	0.042	0.0514	0.0709
0.3	0.0475	0.0521	0.0746	0.1251
0.35	0.0552	0.0636	0.1092	0.2172
0.4	0.0628	0.0769	0.1595	0.3627
0.45	0.0704	0.0924	0.2306	0.5786
0.5	0.0779	0.1106	0.3279	0.8831
0.55	0.0854	0.1322	0.4574	1.2946
0.6	0.0928	0.1577	0.6251	1.8307
0.65	0.1002	0.1877	0.8374	2.5079
0.7	0.1075	0.223	1.1007	3.3399
0.75	0.1149	0.2641	1.4212	4.337
0.8	0.1222	0.3119	1.8051	5.5053
0.85	0.1295	0.3671	2.2577	6.8453
0.9	0.1367	0.4305	2.7841	8.3515
0.95	0.144	0.503	3.3885	10.0118
1	0.1512	0.5854	4.074	11.8069

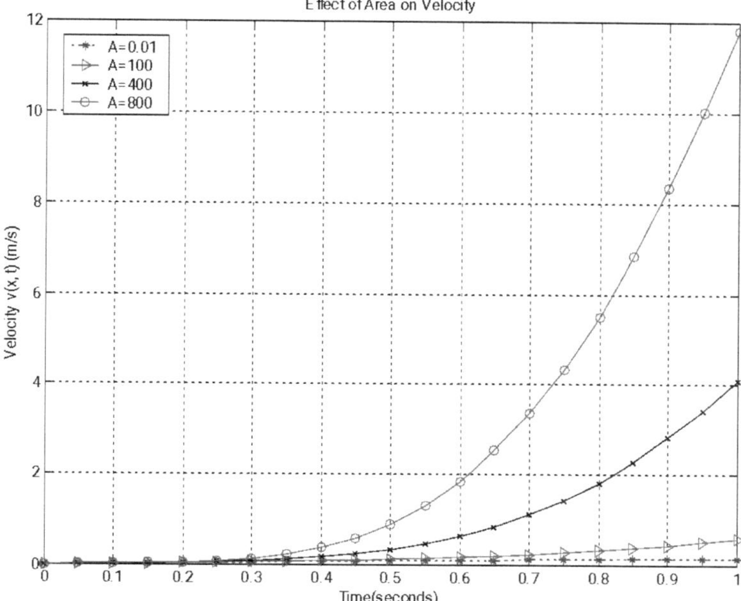

Figura 2: Efeito da área na velocidade

O gráfico acima da velocidade (m/s) em função do tempo (s) mostra o efeito da área da secção transversal lateral em metros quadrados.

4.2 Discussão

A Figura 2 indica que o aumento da área dos dois canais de afluência lateral aumenta a descarga para o canal principal nesses canais e, consequentemente, aumenta também o caudal do canal principal, uma vez que o aumento da descarga faz com que a velocidade aumente com a constante da área da secção transversal do canal primário.

5.1 Conclusões

O objetivo era analisar o impacto da área da secção transversal dos canais de entrada laterais na velocidade do fluxo do canal principal. O resumo que se segue é o seguinte: o aumento da área dos canais de afluência lateral aumenta a descarga nos canais de afluência, aumentando assim a velocidade do caudal no canal principal.

REFERÊNCIAS

Akbari, G. e Firoozi, B. (2010). Solução Numérica Implícita e Explícita das Equações de Saint Venant para Simulação de Ondas de Cheia em Rios Naturais. *5º Congresso Nacional de Engenharia Civil, Universidade Ferdowsi de Mashhad, Mashhad, Irão.*

Barkdoll,BD, Ettema, R. e Odgaard, AJ. (1999). Controlo de sedimentos em desvios laterais: Limited and Enhancements to Vane Use. *Journal of Hydraulics Engineering*, 125(8):862-870.

Cappelaere, B. (1997). Accurate diffusive wave routing. *Journal of Hydraulic Engineering*, 123(3), 174-181.

Chagas P. e Souza R. (2005). Solução da Equação de Saint Venant para Estudo de Cheias em Rios, através de Métodos Numéricos. *Paper1 Conf AGU Hydrology Days.*

Chanson, H. (2004). Hidráulica ambiental para escoamentos em canais abertos. Burlington, MA: *Elsevier.*

Chow, V. T. (1959). Hidráulica de canal aberto. *New York: McGraw Hill Book Company*, 1-40.

Chung-Chieh Hsu,t Membro Associado, ASCE, Feng-Shuai Wu/ e Wen-Jung Lee (1998). "Escoamento em 900 junções de canais abertos de largura igual" *J. Hydraul. Eng.* 1998.124:186-191

CHIRCHIR, A. C. (2021). O EFEITO DE DOIS INFLUXOS LATERAIS CHANNELS ON MAIN CHANNEL DISCHARGE (Dissertação de doutoramento, Universidade de Eldoret).

Chirchir, A. C., Kandie, J. K., & Maremwa, J. S. (2021). O efeito de uma diferença de ângulo em dois canais de entrada lateral na velocidade do canal principal.

Fan, P. e Li, J.C. (2005). Soluções de ondas difusivas para fluxos de canal aberto com influxo lateral uniforme e concentrado. *Avanços em Recursos Hídricos*, 1000-1019.

Henderson, F. M.: Ondas de inundação em canais prismáticos, *ASCE J. Hydr.* Div., 89, 39-67, 1963.

Ingle, R.N. e Mahankal, A.M. (1990). Discussão de 'Division of Flow in Short Open Channel Branches.' por A.S. *Ramamurthy e M.G. Satish. Journal of Hydraulics Engineering*, 116(2), 289-291.

Jomba J, Theuri D.M, Mwenda E, Chomba C (2015) "Modelação do escoamento de fluidos em canal aberto com secção transversal em ferradura". *Revista Internacional de Engenharia e Ciências Aplicadas5*.

Kazezyılmaz-Alhan, C. M.: Uma solução melhorada para ondas de difusão para fluxo terrestre, *Appl. Math. Model.*, 36, 4165-4172, 2012.

Kwanza, J. K., Kinyanjui, M. e Nkoroi, J.M. (2007). Modelação do escoamento de fluidos em canais abertos rectangulares e trapezoidais. *Advances and Applications in FluidMechanics*, 2, 149-158.

Lin, J. D., e Soong, H. K. (1979). "Perdas de junção em fluxos de canal aberto," *Water Resour. Res.*, 15,414-418.

Macharia Karimi, David Theuri e Mathew Kinyanjui. Modelação do Escoamento de Fluidos num Canal Retangular Aberto com Canal de Influxo Lateral. *Revista Internacional de Ciências: Pesquisa Básica e Aplicada (IJSBAR)*, Vol 17, No 1 (2014), 186-193.

Maranga PK, Mwenda E, Theuri DM (2016) Modelação do escoamento de fluidos em canal aberto com secção transversal trapezoidal e base de segmento.

J Appl computat math 5:292

Masjedi, A. e Taeedi, A. (2011). Investigações experimentais do efeito do ângulo de entrada na descarga em entradas laterais em curva de 180 graus. *Revista Mundial de Ciências Aplicadas*, 15 (10), 1442-1444.

Mizumura, K. (2005). Rácio de descarga do escoamento lateral para o escoamento em canal supercrítico. *Journal Hydraulic Engineering, 129.*

Mizumura, K., Yamasaka, M. e Adachi, J. (2003). Escoamento lateral para escoamento em canal supercrítico. *Journal Hydraulic Engineering*, 129.

Mnassri, S., & Triki, A. (2021). Investigando o comportamento do fluxo unidirecional em canal aberto trapezoidal. *ISH Journal of Hydraulic Engineering*, 1-6.

Mohammed, A.Y. (2013). Análise numérica do fluxo sobre o açude lateral. *Jornal de Ciências de Engenharia da Universidade Rei Saud*. Recuperado de : http://dx.doi.org/10.1016/j.jksues.2013.03.004

Neary, V.S. e Odgaard, A.J. (1993). Estrutura tridimensional do fluxo em desvios de canal aberto. *J. Hydr. Engrg. ASCE.* , 119(11), 1223-1230.

Ojiambo V.N, Kinyanjui M. N, Theuri D.M. Kiogora P.R. Giterere K (2014) "Modeling Fluid Flow in Open Channel with Circular Cross-section", *International Journal of Engineering Science and Innovative Technology*, 3 (5).

Omari P.I, Sigey J.K, Okelo J.A e Kiogora R.P (2018) "Modelagem de canais fechados circulares para linhas de esgoto".*International Journal of Engineering Science and Innovative Technology* (IJESIT),7(2).

Ramamurthy, A.S. e Satish, M.G.,(1988). Divisão do fluxo em ramos curtos de canais abertos. *J. Hydr. Engrg. ASCE*, 114(4), 428-438.

Samuel M.K. (2020) "Um Modelo Matemático de Escoamento de Fluidos num Canal Trapezoidal Aberto com Canal de Influxo Lateral". *Revista Internacional de Ciências: Investigação Básica e Aplicada (IJSBAR)* (2020) Volume 54, n.º 3, pp 174-182

Shamaa, M. T. E. I. (2021). Um estudo comparativo de dois métodos numéricos para regular o fluxo instável em canais abertos.(Dept. C). *MEJ. Mansoura Engineering Journal*, *27*(4), 14-27.

Shang, Y.; Liu, R.; Li, T.; Zhang, C.; Wang, G (2011). Controlo de fluxo transitório para um canal aberto artificial baseado no método das diferenças finitas. *Sci. China Technol. Sci.* **2011**, *54*, 781-792. [Google Scholar] [CrossRef]

Szymkiewicz, R. (2010). Modelação Numérica em Hidráulica de Canais Abertos (Vol. 83). *Springer Science & Business Media.*

Thiong'o, J.W. (2011). Investigações de fluxos de fluidos em canais abertos rectangulares e triangulares (tese de mestrado). *J.K.U.A.T, Juja, Quénia.*

Tsombe DP, Kinyanjui MN, Kwanza JK, Giterere K (2011) Modelação do escoamento de fluidos em canais abertos com secção transversal circular. Jagst 13: 80-91.

Tuitoek, D. K. e Hicks, F. E. (2001). Modelação do fluxo instável em canais compostos. *Jornal Africano de Engenharia Civil*, 4, 45-53.

Viessman W., Jr., Knapp, J.W., Lewis, G.L. e Harbaugh, T.E.(1992). Introduction to hydrology, Segunda edição. *Harper & Row. Nova Iorque*, pp. 1-60.

Yang, F., Chen, H. e Guo, J. (2009). Estudo sobre o "Efeito do ângulo de desvio" do caudal de entrada lateral. *33º Congresso da IAHR, Vancouver, Canadá*, 4509-4516.

Yen, B. C., & Tsai, C. W.S. (2001). On noninertia wave versus diffusion wave in flood routing. *Journal of Hydrology*, 244(1), 97-104. https://doi.org/10.1016/S0022-1694(00)00422-4

Zhou, J., Zhao, M., Wang, C., & Gao, Z. (2021). Influência de diferentes ângulos de flexão lateral no padrão de fluxo de entrada lateral da estação de bombeamento. *Choque e Vibração, 2021.*

Printed by Books on Demand GmbH, Norderstedt / Germany